# Carolin Callies
# teilchenzoo

*Poem*

Schöffling & Co.

Die Arbeit der Autorin am vorliegenden Buch wurde vom
Deutschen Literaturfonds e. V., einem Arbeitsstipendium des Förderkreises
deutscher Schriftsteller in Baden-Württemberg e.V. und einem Stipendium zur
Teilnahme am Nature Writing Seminar der Stiftung Kunst und Natur gefördert.

Erste Auflage 2023

Satz: Fotosatz Amann, Memmingen
Druck & Bindung: Pustet, Regensburg
ISBN 978-3-89561-447-7

www.carolin-callies.de
wwww.schoeffling.de

»Nimmt man kein Minimum an, so bestehen die kleinsten Körper noch aus unendlich vielen Teilen, da die Hälfte der Hälfte wieder eine Hälfte hat und nichts dem Teilen ein Ende setzt. Welchen Unterschied gäbe es dann zwischen dem Größten und dem Kleinsten? / Keinen.«

*Lukrez*

# 0.

fährst du uns der kernnähe zu?

## I.

kompostieren, ein schnabel in den apfelabfällen & -schalen, eine schnittstelle aus wärme, apfelschnitzen & wir appellieren an die münder & kaltschalen, die wir in uns aufgestellt haben & nun alle an die spüle stellen. dort: dein keim, dein sämling & wir hören ein kernhauen, ein fremdschauen, ein tiefes schaben in der erde. wenn wir in der erde eine sämerei, wenn unser glas durch die erde, wenn die erde, die wir in ein glas gehoben haben, um die welt in einer schale, das atmen als ein stück lupe & lunge & die kaltschale hält dem äsen an den birkenstämmen stand, die an unseren mündern wachsen & was sie wachsen ließen & versprießen, heldensagen aus der kaltschale, leise, nichts mehr essen & versprechen, ein kelch, der an uns vorübergeht.

## II.

diese klüngelwirtschaft unter aller materie. was da alles ineinander & miteinander, was sich beherbergt & wohin mit all dem schutt, den wir uns aufhäufen, ein verwirktes haus & wir sind schüchtern & die welt zurückbauen bis hierhin.

## III.

farnwedelähnliche gebilde aus polymer & büschel aus dem tausendstel teil deines haars. was sich auf den fingern niederlässt & dünne blättchen bildet & was auf den fingern bleibt & wandert & was der spreißel im finger ist, dünn an der unterwand, die wir sind & ein schmerz in den kammern & wir dringen in uns selbst ein & unseren nichtessbaren kern nennen wir heute noch knoten & knochen & fett & um das weichverflochtene dunkel, weil es darunter licht & schwebende mondmilch & wundmilch & wandgestein & der ast bricht durch die haut & durchdringt unseren finger von innen & hat er schon moos an der außenseite angesetzt, dringt er durch, weil nur hier gewachsen werden kann & weil das der einzige nährboden ist, den er findet & sind wir der nährboden deiner sämereien & die verästelung & das auswachsen aus unserm finger, ein schmerz & sind gefüllt mit salziger suppe wie harz so zäh & überlegen uns strategien zur fortbewegung. wie kommen wir nur fort von hier?

## IV.

im eingang des halses: grabenkämpfe & die gegenwart von ziergurken & haaren & die kahnarbeiten der bakterien & der sound einer feldmaus auf dem kartenstück papier. im hals: der rindenmulch, der uns nachts von den füßen fällt, wenn wir nackt liegen & an den linden reiben & die möglichkeit, den rindenmulch zu sammeln & an unseren lippen in litersäcken abzugeben & im hals: die grasnahme, narben & kratzgemehle, aus denen unsre füße & grabspuren daran & wir bewohnen eine rinde & die hölzerne bereitschaft, eine wohnstätte an den mund zu führen, sie dem mund zuzuführen & der rinde eine landschaft & wir wohnen darin & können mühselig den ästen zusehen & können wir mulch, können wir misteln & wir ahnen eine krone, worin die störche & ein aufbauen von betten & die einrisse der jahre, das feuchte & das nasse in den schimpfwörtern unter der borke, die tinte & die fabelwesen darunter & im pilzschatten: ruhe.

## V.

wir winken dir durchs vergrößerungsglas zu.

## VI.

wie wir beschaffen sind & in welches verhältnis wir uns setzen: im verhältnis zum berg, zum glas & der größe der heublumen, der fuchsbauten, im verhältnis zur einzelnen ähre & im verhältnis zur oberlandleitung, zum schnabelhorn eines kükens, im verhältnis zur 1 & im verhältnis zur 2 & die menge an dingen unter deinem & im verhältnis zu der ärmlichkeit deiner großmutter & der brötchen, die sie frühmorgens vorm hoftor klaute, ihrer broschen & groschen, was ist da schon klein?

## VII.

dies ist eine sprachnachricht:

heute spüren wir klüfte, die ragen zu dir auf & wenn wir einander nur noch dünnschliff; wenn wir die erinnerung abtäten & auf dünn geschliffne schneckenschalen legten & wenn die lückenlosen kalkprismen eine art von angst wären: um sie lägen stacheln, schalen & schwarze ränder an den tagen & helle säume. auch trost läge in einer der knöchernen ebenen des gebirges, das in uns & vor uns aufragt & das wir heute spüren & trost in den kieselschalen & schädel mahlen & in unsren schädeln mahlt die angst & in den trockenmumien nistet sie & im wimpernfeld & es regnet in die leeren schneckengehäuse, die du unter dem rhododendron fandest, nass & am tag. wir haben uns eingenistet, fortbestandet & doch haben wir eine entenbrust, lässt sich wiegen in flügeln & haben eine angst auf den gefäßen, haben eine brust, sind gar nägel darin & algen, haben quallen & ein hühnerstück & den kopf unter wasser, haben die brust wellenhoch, sind uns dünnschliff & in den knochen eine ente & wir tun eis hinein & tau & schallt dort ein schnattern heraus.

## VIII.

ranken & töpfe & die kleinen sämereien aus unserer tasche. hier ein stück weide & dort ein stück vieh & noch ein korn, das wächst & noch ein kern, der wuchert & noch ein samen, der aufgeht & in der tasche unsere samensammlung: ja, etwas wächst in uns hinein & ja, wir haben den mund geöffnet & bohnen hineingelegt & kauen, schlagen wurzeln in unserem gaumen & die ranken wachsen in die nebenhöhlen, werden zu unserem bauch, zu einem wurzelwerk in fleischigen erden. alles übt sich an uns ein & in uns aus. wir sind unser eigenes getreidefeld & auf den ähren des roggens: die meisen, die singen & manchmal verzweigen wir uns nicht mehr, worfeln das getreide, die spreu & das korn in die töpfe & die reste der trockenblumen & schalentiere. es sind die kleinen dinge, die wiederkehren, hier vorherrschen & der bruch & der materialienband, aus dem wir uns immerzu machen, jeden tag aus uns herauswachsen, uns neue häute überstülpen, uns neue häute wachsen lassen an der alten statt & manchmal reiben wir uns vormittags die erde von den beinen & manchmal riechen wir nach den blüten & die ähre sticht.

## IX.

da ruft eine stimme nach fester substanz.

## X.

wie wir unsre linse uns (gib) uns unsre linse uns gib sie uns unsre linse gib uns unsre linse uns, o herr. unseren kirschkern, der wächst. wir sind die leitern in ihm hinabgestiegen, sind der schnitz, sind asternhalber, sind die leiter im kirschkern & kamen brotlos wieder heraus. eine ahnung von luft an den äußeren sämereien, flohsamen & mohnsamen & wir stauden & staunen, schmatzlaute im saatgut, in den abteilungen, wo das kaufen von tütchen nur staub auf der erde & brutstätten aus staub.

## XI.

wir sind salven & malven, sind schieß & lach & samen, durch die die salven kamen, sind protestantisch bis aufs blut & schießen auf die spatzen & baden in den pfützen, salbadern & wir schnaufen auf den haufen, glaub uns, sind streuende garben & projektile, stempel & legen die malven auf falsche gräber & horchen uns ab, sind krautig, bewimpert, sind stängel & ständig, aber lassen die leine vom fruchtknoten, nehmen die feuerwaffen & knoten die frucht & spalten sie auf, sind stängel, sind keine & nehmen das projektil aus der brust & legen es zu den blumen & kürzen uns um die kugel, die flugbahn, die uzi.

# XII.

das meer ist ein grundstück & wir in der fischsuppe: dass nicht vielmehr alles ineinander fällt. dass nicht vielmehr alles eine brühe ist. dass nicht vielmehr unsre münder & ränder erodieren & die strahlentierchen & skelette liegen auf den meeresböden als vielstrahlige verstrebungen & verästelnde fortsätze, ein feines pünktchen im mullnetz, gefiltert, ein großer morgen see & wir in einem glas & in den maschen hängen feinste geschöpfchen & kieselsäure, manche arten skelettlos, fadenförmige kolonien & tausende von individuen im schlamm & haben uns das meer zu einem haus gemacht.

## XIII.

ich als kleinstes ding vom wir &

die nacktheit von schrot & von korn. wenn wir dinge durch öffnungen drücken & mein ding endete hier, oh oh, mein kleines, oh, oh, spaltgerippe, das notdürftige zusammenhalten aller parzellen unseres selbst, sieh wo: & eines wieder ab im porzellan, sich wo & eines wieder ab, sieh wie: die probebohrung, ein meißel, das drankleben, vergeblich, das hacken, der spaltpilz, das werfen, geschossgleich, der nunmehr brösel & haben uns nie ganz gehabt & ein bärbeißiger mund schließt sich, die kastagnetten, ein stemmeisen, die werkzeuge alle, entblößt. darunter liegen wir.

# XIV.

hallo?

## XV.

die pinzette & die fassung, in die wir uns setzen, einen falter einspannen & die schatten der flügel & die disteln & wir wissen um unsere überheblichkeit, aber ach, dein auge & dein finger, an diesem dicken werkzeug mehr, grobes grabzeug & greifarm, der knopf zu arg, die milch zu dünn & wüssten wir von der pipette, die an uns vorüberging & wir spießen den falter, das feinmaterial, daraus er gemacht ist, daraus eine kante fadenspinnerei, eine kante farbe & wir tünchen gnade in die feine seide, wir materialisieren die flusen & federn, das fell, darinnen wir uns selbst einspannen & wo wir fingerbreit … ja, hättest du mehr als einen finger: wie viele würdest du zusammenlegen, um unser habhaft zu werden? um uns am schlafittchen & kennst du jemanden, der das kleinste auf der fingerkuppe & gegenstände, die dünner sind als wir & verringern wir täglich, wo wir nur können & sind doch nur narren an der oberfläche, die du vorzeigst, ein stolz.

# XVI.

wir lösen uns auf. granulat.
uns machst du kein gesicht.

wir befinden uns in dieser wiederholung,
lösen uns auf, sind gespenster & waren
immer die, die daneben stehen & nun
zersetzen wir uns & im schatten unseres
stammes wüchse schattenliebendes
gewächs & sonstige parasiten seien um
uns, wächst uns neues aus allen busen &
lösen wir uns wieder auf & reinigen uns
selbst & manchmal riechen wir streng &
haben eine strenge in unserem gesicht, als
hätten wir ein oben & ein unten, als
hätten wir ein gesicht.

können wir uns vielleicht plastik
überziehen oder material umtun, das uns
sichtbar machte, alle teilchen trash & die
milizen unter den krümeln für den
sperling oder reinigungsmittel in unser
kleines gesicht? wir werden blitzeblank,
flach & so farbenlos, wir spinnen seide &
dünner, als es ein haar ist, das uns rahmt,
sind wir blind & lösen uns wieder auf
zwischen scharmützeln &
schwimmhäuten.

wir sind granulat.

## XVII.

nur du kommst kernig daher.

## XVIII.

das feinziselierte der zwiebel & das muschelartige an ihren häuten. die striemen, wie wir sie auch von unserer nacktheit her kennen & die gruppen, die ein gerippe bilden & unsere vorstellung vom zellkern & die milliliter der salzlösung, in der wir heute baden gehen. ja, heute tun wir alles in einen topf. nimm du bitte die haare von der herdplatte & könntest du uns wohl einen gefallen tun: lege sie unter die zwiebelhäutchen & ihre vierzigfache vergrößerung. das knochenartige lassen wir dieses mal in den fingern & tun ein ding ins häutchen, einen dorn. gib uns den dorn & wir tun ihn in die falten der perlzwiebel, weißt du, in unser wohnen & gib uns ein ding, worum wir uns kümmern können oder können wir nicht & haben kein benehmen & machen den abwasch allein, ein rasches gulasch in den zellen, in den schmalen gängen, auf denen wir gehen, in denen die dampfenden töpfe, in denen wir die zwiebelhäute & weinen & wir wollen einen satz bilden / können's aber nicht & mögen wir bruch & zwiebel-, zwirbelkümmernisse, zirkelkümmernisse, randnotizen, die laufen mit & die ränder sind
das, wo wir schmieren
/// rand /// rand & deckel drauf.

## XIX.

wir liegen in einer untersuchungsflüssigkeit.

# XX.

dass etwas tiefe hat & gehen wir tief rein, geht etwas tief rein in uns, tiefengrabungen, morgentief rein ins uns, die würde eines reintuns, eines rausholens, einem schritt ins innere folgen, das blumgetane innere & gehen wir ineinander & auseinander an angelhaken & sonst nichts, sind unbelebt & unbehaust & korngebend, eine mehltauartige versammlung & die vereinzelung der blattadern am mund & wer tut sich sonst noch klein, wer raubt uns die nervatur? kannst du uns etwas ins innere tun? wir befruchten uns den kern & kannst du uns in den kern eine masse tun, ein füllen, etwas injizieren, mach uns etwas rein & wir füllen uns, fühlen uns gut, die aderung in den händen & den hängebäuchen, tu uns gut.

## XXI.

immer sind wir in die nelken gegangen.
im stempelkissen ausharren, heißassa!

brich ---
---
& schütte sonderfarben in unser --- // schütt ---
halte hier ---
halte ein ---
& tropfen ---
& setz dich wo hinein
& stell dir das hier als gefäß vor,

das in was wäre,
das in was wäre,
das in was wäre

& wäre & fände kein ende, in etwas zu sein & schlösse sich ein & schösse durch alles etwas hindurch & unsere hand reichte hinein bis zu dir & schlösse etwas in uns auf & wärst das du, ja, dann wären das wir.

## XXII.

wir wollen dem moos am höhleneingang eine heimstätte sein & nässt es, nervös, ein verdruss sein wurzelähnlicher filz, den wir uns umhängen, unverzweigt, tiere in uns & aus uns wachsen nadeln & nelken. teppiche liegen aus in der unterwelt & der querschnitt durch unsren blättchen schopf & wir laufen darauf, eine mehrfache krümmung in uns & jede art, sich zu krümmen, ist eine andere & kommen wir aus den spinndrüsen & strecken unsre kleinen arme aus wie die wurzelknöllchen vom weißklee & die lupinen & wir wohnen unter feuchten mauerfüßen & was haben wir viele prozesse am laufen & wenn aus uns wieder etwas wüchse, etwas schlüge in uns wurzeln, etwas äße uns auf, etwas wäre ein kreislauf, der uns beträfe & aus uns flössen viele arme. wir wären eine herberge für die müßige feststellung, dass nichts beisammen, dass nicht eins auf dem andern & darin hätten wir wurzeln geschlagen. lass uns ein wenig einseitig an der kerbe kratzen & die unterseiten öffnen, das poröse am unterstand fragmentiert, das grün & wir sind grün & schattig. heb die vorhänge beiseite & wir nähren uns an diesem moos, es hängt uns an den winkeln des mundes, das macht unseren blick irr & unsre lippen zart & hätten wir so etwas wie ein gesicht, wäre es moosbewachsen. davon gehen wir fest aus.

## XXIII.

wir legen unser handtuch heute früh als
erstes auf den glaskörper.

## XXIV.

du bist nicht (gib dir eine form) & du bist nicht klein genug (gib dir eine größe) & hole landschaften aus dir raus & die lupen legen wir an die juckenden krater, da! spürst du sie? es sind dic ärgernisse, die sich dir eingraben, sind's die kümmernisse & nagungen, an denen du das klein, so klein, so spürst. hör's dir an! eine nimmersatte dinglichkeit & dringlichkeit & reibt das an dir & wohnt dir das inne & du kenterst am ding ding ding & ragen wir an dir auf & ragen wir dir dinglich zu & ragen uns aneinander auf zu einem du. indem wir dich nachahmen. klebst du dich jeden tag aufs neue durch die tür, klebewesen, das du bist. bruch & pattern & hinter dem pattern gröbern wir dich wieder aus & bist du unsere masse, bist margueriten & marginal eine holztür, die wir öffnen & sind ein eisentor, breiten uns in dir aus, sind eine postkutsche, kommen daher zu pferde & die pferdstrukturen, auf denen wir reisen & der knopf an uns & wir horchen in dich hinein – höre, da ist ein eingehen in dich, in deine müden zellen, in deine mäßigen, sich zählenden zellen & fließe. da ist kein rauskommen. wir sind dir eine beliebige schnittmenge aus jalousien, lassen sie am zellkern runter, sind eine mikrobendichte & gehen dienlich in dein brustbein, groß, so groß, so immens & wir spiegeln den knochen ins kleinste, wo bist du?

## XXV.

z

ll

f  z  en  fa

r

zer

br br zer

fa  zer

fa  lala

enenenen  zer fafafa  lalala

blablabla

fall

fuck fa fa fa  zerreibeibeibeib

## XXVI.

dass alles eine mitte haben muss, einen bärenbauch!

## XXVII.

wenn wir einander verbrennen, dann doch in den besten absichten. so beispielsweise in der manege, in der wir unseren staub auslegen. dort springen die löwen & lassen wir die tiger aus dem käfig. das ist unsere asche & hier tun wir einander maß an, hier tun wir einander popcorn & das ist unsere feuerstelle. so balancieren wir einander die asche aus, die seilerei, mir nicht, dir nicht & halten uns die manege sauber & nagen an den stücken fleisch & hörst du unser brüllen nicht, der clown in der kiste & popcorn unterm sargdeckel, hörst du unseren sargdeckel nicht, wie er lacht unter dem mikroskop in vierfacher vergrößerung? darauf einen tusch!

## XXVIII.

ist hier der kern entwendet worden?

lassen sie uns kurz nachschauen.

oh, ja. hier ist der kern entwendet worden.

## XXIX.

partikel, die uns ähneln & haben wir leise das licht angemacht & an die enden deines auges gelegt & rosenranken & tun nun so, als trauerten wir, aber wir nehmen deine teile & packen sie an die nächsten & machen für heute das fenster zu. ja, das verstecken hat ein ende: hier sind wir & können kaum aufhören zu sprechen & uns ans licht zu halten. als hätten wir uns selbst in der hand, als hätten wir überhaupt eine hand & müssten deinen körper & dir die ziegel & haben leise das licht angemacht & wo die linse einen sprung & wo wir dem häutchen entsteigen & wo unsere bewegung eine in die häutchen ist & haben uns gereinigt & lassen uns abschmirgeln, lassen uns abgaben machen. wir teilen & teilen & teilen ein u & ein n & ein s & wo wir ankern, lösen wir eine folie von der haut & wir kippen aus der klemmvorrichtung. was wir aus den maschen fallen, aus dem nest & aus den zuckerstückchen. sag schon: wer bist du, dass du rückschlüsse ziehst auf unsre herzoberflächen? wir haben leise das licht angemacht & sind mütter, aus denen wir selbst geschlüpft sind.

# XXX.

ein viertel weißkraut & ein viertel kohl & kannst du uns halbieren? wir wollen die hälfte von uns sein, wollen halb in den blutmengen, wollen halb, wollen das volle viertel, wollen die menge & arges, wollen die hälfte der gräber in den stromschnellen & wollen halbbeinern um halbeins ins grab, wollen garben in die augen, die zwischen uns liegen & mähen sie uns aus & bis wann du noch funktionierst, amöbentierchen, das du bist & brichst & zwiebelhäutchen & ein achtel rosenkohl.

# XXXI.

...

.

. .

.

.. .... ....
... ... ....

.... .... ..... .....
..... ..... ......

...... ...... ...... .......
....... ....... .......

...... ........ ........ ........ ........ ....
.... ......... ......... .........

......... .......... .......... .......... ..... ..........
.......... ... .......... ..... .......... ....

........... ........... ........... ........... ..... ...................
........... ....... ............... ........... ............

.................................................... .........................
.....................................................................................

siehst du uns?

## XXXII.

nimmerlang abfall & wir verkriechen uns in die backen der ameisen, dort findest du uns & dort haben wir uns eingerichtet, eigener sarghandel & sträucher. darunter liegt ein leichnam, gleichsam gewachsen & was uns der leib nahm, das löst sich ins fasrige & was wir in deinem mund gefunden haben, das tragen die ameisen fort. gib uns eintausend münder, die wir füttern. sind zu grau, um zu melken. sind zu gemolken, um aus einer farbe zu bestehen, da sind wir blattlos & horchen uns zu & wenn wir am leichnam selbst porös & wenn eine meise an uns pickt oder uns ein a daließe oder haben wir einen angewiderten mundwinkel & du musst uns nicht love. wir haben wildes haar & das mus & der kot & wir wähnen uns in verwesungsprozessen. das wachsen hier & das wachsen dort, das winden & wildern. wir kündigen dir die struktur auf. sie löst alles ins fasrige & was wir in deinem mund gefunden haben, das lag dort unter den blättern & die streusel, die wir uns in die adern legen, ins wurzelwerk. daraus speisen wir uns, die zähne wirken. sie sind aus kalm & murschen & knirschen. versprich uns, diese dinge nicht in den mund zu nehmen & lass uns bei den hühnern weitermachen & pochen an der schale & sind ein schnabel & sind fragil.

## XXXIII.

wenn viele stimmen. wenn wir aus wasser & ding. wenn wir müde & wenn wir an dir fischen & das pfützenartige an uns, das reisfeldartige, das eigenartige an unserer kleinen zelle, die durst hat. kleines seeartiges. das gestrüpp an unseren innenseiten franst aus. wir bewässern uns & schneiden uns das gestrüpp aus dem nass, aus dem augenmaß, bis die lider fallen. aber wir können uns nicht sortieren, uns nicht in die töpfe tun, für unsere teile & glieder kein system. wir dividieren uns auseinander & teilen uns & teilen uns, bis uns die einheiten butterweich geworden sind.

## XXXIV.

wenn ein stück von uns abreißt,

gelangt es nicht mehr hierher zurück &
an uns stoßkräfte, ein zerschneiden. wir
hängen nicht mehr als dingwerk
zusammen wie einst & nehmen die
kollisionen in kauf, die symmetrie
& das muster, wenn wir ächzen & ein
verzeichnis *aus* uns & alles *an* uns ist
fein & wenn wir uns perforieren &
selbst auseinanderfalten &
markieren uns an einer linie,
ziehen sie auf, sehen uns mit masse
konfrontiert, die uns anschaut &
markerschütternd mürbe & suchen die
öffnung, den glaubkern,

bis wir müde irgendwann, des abmachens müde, müde, ach my, ach mμ, messen uns & ziehen die schuhe aus. von solcher feinheit & ach, so müde. staubläuse & chirurgen & was du nicht siehst, vertraue uns, das siehst du nicht. das nicht mehr schlafen können an dieser stelle, die schliere auf dem auge & huscht nachts über das gesicht eines schlafenden kindes ein schatten, der sich festfrisst.

## XXXV.

du zogst einen fisch aus uns heraus, einen fremdkörper samt gräten, höhlen & senken. der geruch hing in der höhe & wo etwas klein & vergessen & unbemerkt roch es in den untiefen & du holtest es heraus, den fisch, dieses tier, das lebendig war, ein grauenvolles gesicht, viel mehr noch ein wüstling, kaum erkennbar, die form war feucht & wir verlieren den faden in all den geschichten über dein tiersein, den schleim, den du abgesondert hast & die angel & der haken, mit dem du aus der höhle, aus den werkzusammenhängen, in denen dein blut, in denen du & dein faden, an dem du gestunken hast & dein grab war aus flor. du hast in uns gefischt & wir haben gestunken, haben zelte aufgebaut & fische waren in uns & wir haben alles in uns reingeschafft, waren selbst die box & grau der fisch. die schuppen ragten aus uns & aus uns wuchsen schuppen, das schimmernde an unserer unterseite & wir leihen uns den schleich, den molch & das sind unsere füße, unsere augen, das wischen wir uns vom & worin unterscheiden sich die klammern, die unsere arme zusammenhalten? die weißen fäden & schuppen schwimmen in den kanälen der stadt aus fleisch.

## XXXVI.

eine apokalypse an unseren rändern & alles flöße in uns & wir flößen in alles andere auch. wir fransen an den fingern aus, an den schwänzen & wurmfortsätzen, an den geißeln & nervenenden. unsere finger, wo wir welche haben, waren immer schon rot & da, wo wir übergehen, ist ein nadelkissen, das du unter unserer haut vergessen hast & wir lösen die fäden, das haltbare material, das sich nicht ausgeht & aufweicht & bricht & wir gehen über, gehen in eine materialschlacht, die wir durchforsten, aus einem wald heraustreten & schwinden & schmelzen (nabel ab), das unterkerkern (nabel ab), der nebenschauplatz (nabel ab) & gehen in den kern & fangen von vorne an, sind ein nabel & stoßen dich ab & du schwimmst & ertrinkst in diesen sattmachenden irdischen stimmen.

## XXXVII.

wir begegnen dir nicht.
was wäre landläufig auch schon begegnen?

## XXXVIII.

skizze von einem roten fleck am schnabel einer möwe & unsere außenhaut wäre sand. kilometerlang wäre diese haut & unsre münder eine höhle für salz, kristallin & die süchtigen unter den wassertropfen & wir füllen alles & die schamlippen mit dem grau der geschöpfe vom strand & wir kommen nicht an & bauen eine nasse maschine für sand & wassertröpfchen & die krabbe nagt an uns & die möwe am fischschleim & feste knoten unter unsrer haut, die aus sand sind & singen wir vom schnabel & sind der knochenstaub auf deinen lungen & wenn krähen in der lunge wären & dort krähten, zunder in den höhlen glömme & wir schwimmen neben den krabben, fleisch von den knochen holend & die gischt ist uns nicht gut genug, schaum auf den rändern & die gischt ist es nicht gewesen, fisch vielleicht. wir haben zunder bestellt & wenn du uns die hagebutten vom strand, ein grabesschauriger moment, wenn du uns den tanker füllst oder einführst, der tanker wäre unser grab. wir waren ur unter der sonne & du hörtest es den wellen an, ur, hörst du den sand & hörst du die sonne, die an uns scheitert & haben wir ein kind aus sand, es ging mit dem wasser an land & wir füllen uns zuerst in die tanker, zentnerlast & dreihundert wellen an uns & die gischt lässt uns zweifeln & hast du sand unter der haut, mein kind? hast du dort wassertröpfchen & blut & eine stille armee? hast du mich lieb, auch wenn du einst in tausend teilen, mein kind? hast du mich lieb?

## XXXIX.

wir wären eine heilmarie. heute morgen wieder an die haustüre gekotet & porzellan in die hand genommen, flüssigkeiten in den schlund getan, heute morgen wieder bereut, brotkrümel ins auge geknetet zu haben & heute morgen milch ins gesicht & etwas ins tapetenwerk an haut, ans mauerwerk aus brauen, schlingpflanzen ins haar & heute morgen wieder füße ans bein getan, eine art webteppich, fliehkräfte am mauerwerk, nährwerte & fortpflanzung & am nächsten morgen wieder eine art zu zu beten vor die tür gestellt.

## XL.

WANNA BE GROSS & DU?
WANNA BE GROSS & DU?

DARIN IST ALLES AN HOFFNUNG:
WIE EIN BERGELEIN, SO GROSS!

## XLI.

ist silber in den rüstungen, ein glitzertop & pailletten & silber im raum zwischen unseren mündern, die muskeln heiter. wir haben glitzer auf den erden & erbarmen, vater unser, ein atem, ein kreuz & scham an den außenbeuteln. es liegen pailletten im schnee & krebse im konfetti & in den geschwüren & die stippen laufen uns eiterläufig aus & zu & die nächste station sind die roten stellen in unseren träumen, die tiefseetaucher bergen uns & stippen liegen auf dem meeresgrund, gehoben, eine taucherglocke weiter in den eingeweiden & die algen trösten uns, eine stippe in den kaffee tunken, eiter in die sahne tun, ein probates mittel, uns zum kuchen einzuladen. wir haben heute wieder pailletten aus der haut genommen & uns schnee einverleibt, haben nesseln an uns, haben nasen an uns, haben grobes, grobes an uns & batterien, ladekabel, sinneinheiten & was waren wir waben, leben, eine sattsame masse, grob, lass uns grob eine weitere öffnung schaffen, die uns ins höllentor, die uns hundemäuler, die uns einen tampon innetun. was wir einen grog & schnee haben statt blut & warme wannen in uns saugen an den blutbahnen, in der irrigen annahme, einen stein an der stelle eines tampons & an die körperfremden münder & wieder ein haar an uns geheftet & einen marker gesetzt & prospekte ausgetragen & unsere nase ein fernrohr, krankbar & wir würgen alles wieder hoch: den bruch & das berchtesgadener land. alles in unseren mägen, unseren würgemomenten, obstler, können wir kerne in unsere mitte tun & darin heilig werden? können wir zwiebelhäute in unsere seelen einlagern & presswerkzeug an die schweinehäute unserer herzen legen? können wir & uns gut dabei fühlen? niemand nimmt die schweinehaut auf die zunge, aber du & deine kauwerkzeuge. komm schon, würge, komm schon & alles, was würgt & alles, was gewürgt wird, ist eine mousse, die wir wieder in uns einmassieren, würgetier, das du bist & nur tierisch sind die teile an uns, sonst nichts, tierisch die häute, die sich übereinanderlegen, als gärten die sterne neue säfte aus & wögen sie in gram, in durchsichtigen tüten, gleich dem kokain aus unseren unterhosen. glaubst du diesen teil von uns? die teile aus haut & aus schwein? die teile aus pailletten & schnee?

# XLII.

auf etwas bodenähnlichem im innern.

## XLIII.

wir gehen in die wunden, die offen vor uns liegen
& vom wundrand aus können wir das meer sehen.

ach, geh!
die stillschweigenden mehrheiten
von roten blutkörperchen
kommen mal wieder zum tee.

## XLIV.

felder bestellen, aber die königsdisziplin: ernten. die bäume, von denen das obst fällt. dünne aprikosen & wohin mit unsrem bützelein & brechen wir wieder das korn aus dem kolben, das draußensein, das feldsein & alles in uns & das ist unserem schneidegeschirr, unserem scherengesicht nicht gewachsen, mit dem wir alles klein häckseln, mehl werden & du hast deine hände in unseren taschen oder in uns und unserem samen, der uns durch die nase aufgeht & du reibst deine hände durch unsere eingeweide & bestellst unser feld, während wir uns ineinander auflösen & bewässern, balsamierst du unser innerstes ein. du trägst unseren bauch in einer tüte & bestellst das feld & die einzelne ligusterbeere holst du aus unserem hals, schiebst sie uns zwischen die zähne & wir halten deine tüte, helfen dir beim tragen. ach, dieses protestantische ernten im fleisch! wir kommen von weit her & schrubben uns die kernseife aus den schichten & umhüllen uns, haben unser murren in deinen mund geschoben.

## XLV.

das ist der pauschalurlaub in der petrischale. komm, wir besichtigen kirchtürme & haben oblaten auf der zunge. etwas pocht in unsrer linken hälfte, etwas pocht am marmornen mund, an den schnittstellen, die wir zu finden suchen wie ein einsames eiland. komm, wir legen unser handtuch aus, es ist halb sieben in der früh! wer will da noch, wer hat da schon? wer bekommt da seinen koffer nicht mehr zu? wer außer uns regt sich noch künstlich auf? heute geben wir uns als wen aus & sind wer & wischen eine zelle aus der kaltschale & die schwärze aus dem ohr, haben heimweh & wollen nur noch nach hause, & butter auf die brote & fleischwurst & hartgekochte eier.

## XLVI.

wir wünschten, unsere knöchel würden schrumpfen
& sich in dir einnisten.

# XLVII.

die zuckerdose ein haus & das haus an einem faden & wir hängen im verputz, nein, sind einstudierte partikel am zuckerstückchen, wohin damit & rein damit & heiß, das stückchen im tee, der schmerz anzeigt & das drosseln der materie auf eine erinnerung & der schädel & die schäden & da kriegen wir ödnis in die stiefel & die drosseln stieben auseinander.

## XLVIII.

fährst du uns der kernnähe zu? fährst du uns vor?
in uns lädt ein tunnel, darin:
krähen- & kranichfragmente.

## XLIX.

was wäre, hätten wir so etwas wie ein gesicht?

## L.

nur zu! wir taugen & wachsen in uns. das ist ein wurzelschlagen & wir lösen uns einzeln die wurzeln aus dem fleisch, lösen die streifen vom spreißel & alles, was schneisern ist & unkräutern. kein kraut wächst da mehr. du wühlst dich im schlamm der erde, erbaust dich, der regengrund & blätter am first unsres halben wurzelwerks, am gras die pechblenden & mulden melden & ein schal um unser gras & stehn wir dünn & blättern uns grundeigen ab, der dürre berg an uns. alles wächst dem himmel zu, wächst freistehend & uns entgegen & haben doch fürs wachsen kein wort & tun wir's an uns selbst: wildwuchs.

# LI.

der kleinste nenner deines albtraums &
wir liegen unterm kissen & essen an dir.

## LII.

das ist eine teilchenmaschine.

## LIII.

dass man einer schlägerei beiwohnen muss:
die innersten kämpfe sind höchst unanständig &
talghaltig.

## LIV.

beruhige uns, bitte! gehen wir zurück ins brotkrümelartige & wenn du uns zerteilst, so wissen wir: das haben wir verdient! da ist eine innere stimme, scharniere & wir imitieren eine ganzheit, meißeln eine außenhaut & weiß man nicht & haste nicht gesehen & ein berg hätte uns. eine wiese hätte uns. der mohn hätte uns.

## LV.

wir sind lediglich ansammlungen &
zu viele fürs sterberegister.

## LVI.

das längenvermessen, das dir, das seitenvermessen, das dir, den radius ziehen, der dir eine lippe markiert, eine vergnügungssteuer für die umrisse, eine linie, aus der du geboren, aus der du gebierst & eine linie entlang, aus der ein zweites kommt, eine graue linie & eine seife, die dich auswäscht & du hast geometrien in den hofställen & genitalien & grabstätten & wenn du wieder in dich zusammenfällst, wenn die linie über dir, wenn du nach kirschen riechst & hungerst & kirschholz & deine linie wird dem geier, wird aas & da sind striche, in die du, die aus dir, die du, aus die du, in der du & ein käfer isst an dieser linie, striche nur mehr & du bist (auflösen) bist du (auflösen), deine linie löst sich auf // löslich // lös dich // erlöser- & marienfiguren, die morgens im fenster stehen & der geier isst an dir, maria.

## LVII.

wir haben uns räuberleitern aus strick
ans sandkorn gehängt

## LVIII.

die traurigkeit in deinem bauch macht etwas groß in unserem kopf & wir können nicht mehr sagen als:

→ leg uns in den bauch hinein
→ wir knacken das, wir reiben das auf
→ der fleischerhaken, an dem wir hängen, macht uns nichts aus
→ wir tragen uns selbst überm arm, wenn du traurig bist
→ das traurigsein ist unser kerngeschäft
→ wir haben uns zu europaletten zusammengefunden
→ wir klagen blut ein im bauch & die richter sind dort auch
→ wir krächzen in deinen ritzen & fetzen, den tag & die nacht lang
→ & wir träufeln gnade & gesöff auf deine stirn
→ wenn das alles nicht hilft, wissen wir auch nicht mehr weiter

## LIX.

& dann macht das einen unterschied & die schwalben
machen einen atem & haben eine magere brust & wir
wenden uns darinnen, wie wir uns immer im innern
wenden & haken haben & schnauzen haben, um zu
wühlen, eine raue zunge, um uns innen auszulecken
wie die wundhunde, die hinken & hast du den fuß,
hast ihn gegessen, den fraß & rote, rote teile &
wir nehmen sie mit in unsre schwalbennester & die
hunde humpeln & beißen uns kaputt, ein dringendes
desaster an unserem roten rand, dahinter die schleuse,
kleine krallen & widerhaken im schwalbengesicht,
herr & wir legen blätter darüber & silberschwänze &
die auflösung aller details, die ihr noch sehen könnt
& legen wir eins neben's andere,

legen eins noch &
noch eins,
legen eins noch &
noch eins,

können eins noch
& wollen hier noch eins
& eins
& eins

& sind gezwungen, ein schloss & federn hier noch &
ein schnabelteil, ein hundebeil & verzieren wir den
schnabel mit blut & hundehaar & noch eins &
zwitschern wir & bellen & kannst du uns nicht mehr
auseinanderhalten, nicht zwischen hund & schwalbe
& dem morgen & haben uns ein stück weit ans ganze
verkauft & aber das ganze irrt.

## LX.

wie kaputt kann man sein?

das alles nur wieder ein neuer fleischbrei

& hier ein schild, das uns bebildert.

## LXI.

was uns etwas sichtbarer macht in der kontrastflüssigkeit.

sag, wer ist hier nervös? öffnungen schaffen & nur du kommst hindurch & haben wir blut als kontrast- & andere mittel zugelassen & schnaufen in der kernsanierung

& schwarz ist der kern.

wie unterscheiden sich pfirsich & kirsche dem kerne nach? wir drohen irr zu werden am obst & der obstsalat ist obsolet geworden & nur die aprikosen bleiben noch & die magermädchen & wo schleust du uns durch? wenn bloß deine netzhaut uns aufbaut & bärentatzen in unseren kirschkernen & pflastersteine. bist du nervös deswegen?

## LXII.

augen haben, hieße lungen haben. augen haben, hieß: baiser zu schlagen & gurken in das feld zu harken. augen haben hieß an manchen tagen, die maschen in uns fallen lassen, die maschen & galoschen in uns & wo wir uns löschen & etwas schwierig finden in den nelken heißt & etwas sehen heißt, ein fleck im auge & not & schmiere oder gar nichts & wir sehn dich wohl & schmier mir dein geschlecht in die visage & räuber uns das äuglein aus, oh äugelein, oh schmier uns fein, das äuglein hat nur & der sehnerv hat nur & du hast nur & dahinter sind wir & augenhörig sein & augenlöchrig sein & der vorhang fällt & das lid fällt langsam & du siehst uns nicht. dabei haben wir haben uns doch solche mühe gegeben. dabei hatten wir uns doch mit farbe besprüht.

## LXIII.

wenn wir ihre ganze aufmerksamkeit,
bitte!

hier sehen sic ihre sehzellen:

## LXIII.

bist uns innen. das reinlassen & wir leihen dich aus, reichen dich nach, haben die hand nicht zum geben, zum üben, die rüben stecken uns noch immer im leib. das ist das protokoll unsrer leiblichkeit, unsres wurmfortsatzes, unsrer milchneigung & die vermeidung eines wimmerns. unsre augen werden dahinter so dringlich & kindlich, dort sind wir festgeklebt im chor, da wimmerte es & selbst wenn's nicht wimmert, bleibt unser rahmenprogramm ein schädel, ein anderes zerwürfnis an unsren federn & knorpeln & wir leiben dich aus & sind labormomente, unter denen wir hervortreten & gegen das licht blinzeln.

## LXII.

es ist immer ein wald im wasser & legst du wasser in die münder & bären & rehe & zergehen alle, ein fischherz & in den geschlossenen augen die kröte. wir sind kirschener noch als am morgen, wenn die sonne aufgeht, sind gräsener als dir lieb & eichengrau, das tschilp im schilf. wir haben einen zweig im schnabel, haben im schnabel ein horn & die stille, das licht, ein zögern an uns. haben leimteilchen & leutschaft & gefolgschaft & was eine menge bildet & wir bilden ein schambein & die weicher werdende brust. was wir staatstragend & irisierend, denn was ein bauturm & wir darinnen, schmelztiegel. das ist ein moment, bevor du wieder bröckelst, bevor die sonne & jetzt bist du den brocken los & wasser & vieh & bist gelenke los & holst dich wieder aus den trockenblumen raus, aus den gepressten hagebutten, so wie bruchschutt vorbeifliegt. man nennt uns schwund & gespenster im schlund & am tage & wir geben gespenster ins wasser & weben die fanta in deine fangarme & limonade an die kränze, die du an jede einzelne zelle legen kannst & die sonne geht daran auf.

## LXI.

das ist eine schubkarre altes, auf der wir liegen.

## LX.

ein leben aus flecken & flechten & bau dir nen code & nen kern & zerren die fleckernen kälber am strick & am tand & ein leben aus schmirgel & flecken, bis kugeln & füllungen, lügen uns kügelchen in unsere tasche & haben wir etwas wirres an uns & nen berg & sind wirr & manchmal etwas weich vielleicht, einen whiskey & die feuchtigkeit an den rändern & haben kerne & linderungen & wo sinken ein sinken ist & das kleine trostsame & wir haben kerne zu tun & den schnee von den bergen & die kälber am strick & uns ziehen die knoten & können wir zwiebeln schmirgeln zum trost & aus uns rollen die kugeln & können uns kühe & salben & balsam ein trost & wir kommen durchs gitter &s sieb für die flusen & sind nackt am mund & haben nichts dran am mund & haben licht dran am mund & nichts. hilfe & shit.

## LIX.

en miniature, oh, en miniature.

## LVIII.

trage dich hier ein: ______________
hole dich hier raus: ___________
hole dich aus diesem schnabel: _____________
verirre dich im gries & zwar hier: ________________

sei unsere leerstelle, wenn wir dich darum bitten!

## LVII.

den ratschlag, ins nichtsichtbare zu investieren,
halten wir noch immer für gewinnbringend.

# LVI.

korngeist & kornpuppen um uns. wir schneiden & dreschen das korn & schau: reis & dein mund gibt dich wieder. wir wollen uns selbst verspeisen, zerteilen uns & mörsern & zerschießen uns ein weiteres mal, zerhacken uns, zerstechen uns, spalten uns ab, werfen uns ab, holzen uns ab, hacken & klappen uns zusammen. wir machen uns kleiner, als wir sind & bersten & die bruchstelle hat etwas, das wir liebkosen wollen, einen puppenkadaver zum beispiel:

#hieristdiesebruchstelle #hieristdiesebruchstelle

viel mehr als ein neues ding & der ton, den wir machen, wenn wir auseinandergehen & machen wir uns neu, uns wachsen neue arme in die brechkraft, uns wächst: hörst du uns zu. hörst du uns brechen an der stelle, die wir für dich markiert haben? in der stille sind wir mindestens zwei & neu, sind zwei & neidisch auf eins & mach mehr aus uns & mach mehr aus dem mehl, das wir sind, kornhaft, eine geisterhafte verschiebung & wir gehen in den teig & gib licht dazu. gib uns eine vermutung von wasser dazu & eine prise salz & wollen unter deinen fingern teig sein.

## LV.

wir fädeln uns wie perlenketten auf & wenn die zelle stirbt, sind wir hier alle gebunden: die gepflockte landschaft, die du bist & die kernaufgabe & wir machen aus dir jetzt mal einen punkt.

i.
insektendetails

ii.
wir schimmern dir aus einer dunkelheit entgegen & nur selten schimmert der tag durch das grüne netz & sieh uns hinter den vitrinen ins licht gesetzt. wir sind die details in deinem traum: das häkeln & mäkeln in der scham & immer wieder in dein hirn zurück & welches licht schiene uns dort an?

iii.
in nuce

iv.
nimm maß an uns & das steinchen unterm schuh wäre etwas, aus dem wir blut machen würden, aus dem wir haut machen würden & gesteinsmehl, töpferton & muschelhorn & eines tages passten wir in einen eimer, den du trägst, & wir wären auf dem maßband zu finden & säßen jetzt nicht hier.

v.
wir sind verbundstoffe, sind weichgewebe & haben harte schalen. mach das licht aus für heute. morgen gehen wir wieder in den scheiben nach brot suchen & haben den könig in all dem gefunden. das urteilchen, das trauert & die sonne mit sich nimmt, nennt hüpfburgen sein eigen. es legt sich ins feld & hält hof im staub auf den landstraßen & wir huldigen den müden & salz in der tränenmasse als laster.

vi.
backe, backe & aus uns türmt sich mehl an. mach was draus. wir wohnen im weckbrösel & in der räuspermasse.

vii.
was wir auf jahre angelegt sind: center of dinglichkeit, washaftigkeit & uns scheint die sonne aus dem ***, uns blüht eine nelke am revers. schenk uns kernness & aus der mücke ein atom machen.

viii.
bist du punktuell unbelebt? & andere angelegenheiten unter der oberfläche & flöhe so groß wie spanferkel[1] & die größe, die wir uns nehmen, zinnsoldaten ähnlich, aus einem alten löffel gegossen. der spreißel

---

1 → da wollen wir hin & gehen in die wälder & felder & gehen mit den jägern & ihrem hund → aber da wollen wir hin & finden uns nicht → finde uns da! → unser kerngeschäft sind hasenfelle → wir streiten uns da bis aufs blut → wir murmeln unsere leerstellen, wir höhlen uns aus → hasen auf unseren leerstellen, drei goldtaler dafür → genau da wollen wir hin.

verschwindet im hautmagen & greifen da die zahnräder & der kramminister ineinander. mein mageres material & zwischen mir & mir wirken die kräfte & säfte, kartausen, mein winziges teilchen kräht mir sand in die hände, gäb das zäh & gäb das wo: wir sind die graduierten aus klein.

ix.
uns verschlucken die fische & brassen & uns tut's koi gut & kommt hinter dem schrank die sonne wieder hervor & wir nehmen uns aus dem lid & tun uns in die gräser, sammeln spucke & uns ein stück mund einverleiben & die sonne ein stück in unserer haut & trügen wir stücke von frost, rösteten einander, trost aushöhlen & nicht nur sehen & wir kennen das stück & tun wir steine & stücke, das wasser tief, dein stein tief, wir werden ihn uns holen, siehst du die ringe, die wir auftun & die klappstühle in unseren untiefen & wir haben das wasser zu unserem gemacht & ein stück wind außerhalb von uns, kleinarbeit an der böe, uns ein stück zwiebel & häutchen & häuser aus zwiebeln & hirnrinden aus zwiebeln & das kauen & die sonne scheint grausam durchs häutchen, ein stück zwingwerk. haben die zahlen hier & wind & eine wolle um unser stückchen gelegt. das nagelbett trocknen & fallen uns die blüten ab & ein zahn fällt aus & wir haben einst geblüht. woher das meer die quallen nimmt & uns.

x.
mein kleinstes ist mein gras.

xi.
wir sind dein nusskern.

xii.
willst du mal masse sein? das paradebeispiel einer sonne & mal dung & ding?

xiii.
können wir ein königreich. können wir efeu über dem amt. können wir ein grashalm. war ein könig in uns. war ein könig aus uns & grasschäden & graswunden & was alles ist. dass es ein alles ist & uns umschließt & köcheln wir in einem gartopf & larven im atemrohr & sporen.

xiv.
schubladen von früchten & samen & keime noch zu warten & arten von keimen & keine reste von kokon. wie gesagt, wie gesang. immer wollen wir aus dem rinnsal fischen, dem bach den brack entnehmen, wollen großkopferten »ab!« zuschreien, einen bärendienst, quick & dirty & dass wir uns in die schlammigen untergründe, dass wir »hallo« sagen zum oberflächenrand & wir variieren das mit »grüß gott«, warum auch nicht, ein regenhäubchen & wenn wir versehentlich auf fliegenhaut getreten sind, angstbingo spielen an den oberflächen & wir pökeln nach der kleinsten erinnerung, gifte aus den stacheln ziehen, trichin, dinggehärmt.

xv.
ab wann wäre ein ding ein ding, pardon?

## LIV.

wir sind das bündel unserer eigenschaften & nichts an uns ist & die bürste & dass sich nicht viel mehr von unserem gesicht löst.

# LIII.

wir liegen in den schrumpfköpfen der reagenzgläser & gebirge darin, insektenflügel & nasse federn & aus den grotten steigt nebel auf. libellenköpfe, schwertlilien, der nebel liegt brach & die flügel auf den gräbern, schlossferne momente. schraffur & augen auslegen. dein atem kondensmaterial & heerscharen von federn & ein schlupfwinkel, ob du wald bist oder stein oder ein gratisangebot & warum die köpfe überall aus nebel sind & wolle & in den schwaden laden wir uns mäuse zum büfett. merke: die nase ist niemals daheim, polierter marmor, ein verlieren vom kopf, ein schwinden, ein issue, wenn wir uns von den narben schaben, wenn wir geschrumpft sind.

## LII.

golden delicious & unser kopf ist ein kadaver & nackt & haben wir eine bloße haut zur verfügung, die sich teilen lässt, kojoten & bären an uns, die sich gütlich tun & unser bauch schrumpft & unser kopf & kehren wir uns zusammen zu einem häuflein & in den säften, die wir nun mit anderen teilen, liegen neben den kirschkernen noch stamm & gewehr & passen wir eines tages auf einen teelöffel & wollten doch zeitlebens drahtseile in uns aufspannen & nun komm, wir halten uns stolz zusammen wie die zirbelnüsse auf dem sterbelager.

aber unser kopf schrumpft & der totengräber macht uns klein & die mäuse macht er klein, sind sie feinkost & wir dräuen & darben & drängen, ohne greifwerkzeuge greift er in uns ein, sind gegessenes, sind über & über mit milben & maden & mit dem mundwerkzeug ein loch in unser bauchfell & die eier. wir sind frisches fleisch & am ende reinigt einer immer noch das skelett & gelege über uns & die schafschmeißfliegen & am stamm eines alten apfelbaums sitzen die geier & die schwärme von speckkäfern & bleibt euch die wolle noch & die federn noch & der knorpel noch & das fell & ein museum sind wir & am schluss bleibt der schädel & die goldfliegen seien um uns, metallisch & klebrige quittenreste am boden & auf uns ein gelege. esst uns nur auf, denn bald stehen wir wieder in der blüte, bald geben wir wieder wein.

# LI.

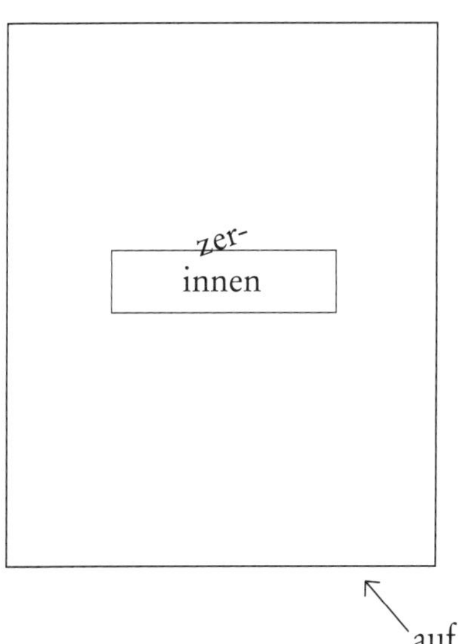


brechen

## L.

dass das nicht die erlösung ist, auf die wir warten. dass das nicht der wald ist, durch den wir endgültig gehen wollten. dass wir uns küssen & teilchen tauschen. dass wir darinnen alt sind.

hätten wir all unsre materie auf dem rücken & hätten die weiten meilen nicht mehr zu gehen, täten wir sie in den mörser & machten uns zu einem fabelwesen. dann würden wir durch die flure laufen & klopften von innen an uns an, dich noch immer suchend.

oder was wäre das, füttertest du uns & wir wüchsen dir zu? blieben in dir bestehen & hätten bestand? wir sind heute morgen brotlos & haben dich in uns verwoben & suchen nun in den gängen. etwas finden, das tastbar ist. etwas finden, das du wärest.

aber wenn du nicht mehr da bist. wenn du nicht mehr da bist: wem sollen wir dann unsere partikel zeigen? das auseinanderschlingen & die schmerzen beim lösen & die eingearbeiteten regentröpfchen & regnen uns aus.

## XLIX.

wir kleben ein etikett an jedes ding & verschlucken es, als sei es ein zahn, den wir an einer kette wieder aus unserem magen holen & auch die apfelbäume sind kleine soldaten & die letzte wespe im jahr hat einen kopf & wir haben hände & auf dem boden haben die gänse geruht. es ist august, altes gewirr. wir sind schnittgrün & zu einem tuch gebunden, haben erde unter den nägeln. wir schrubben uns mit der kernseife, liebschwarte, der schweiß ist so tief & haben walnüsse & murmeln schlaflieder in die wurzeln. pscht.

## XLVIII.

alles, was kollidieren kann, kollidiert.

## XLVII.

eier & maschinen: eine hand. wir haben ranken & maschen an die hand gebaut oder ein haar oder eine haut. wir haben das alles gebaut: nissen auf nissen, nester von nissen, bis wir verklebten, raubbau betrieben, keine lage mehr, kein frost mehr, der unsre eier verkühlen lässt, ein bauen aus eiern, die schalen & wusstest du, dass das kleinste ei das des bienenkolibris ist (gewicht: 0,4 gramm) & wusstest du, dass die stärke der schale mit der eigröße zunimmt? & wusstest du, dass du den teufel tust.

## XLVI.

wir bewohnen hashima island & liegen in den schweinebuchten. unsere augen so groß wie die galgen um unsere hälse. keine hälse, nur galgen, algen um unsere nähkästchen & digitaler staub & rötungen haben uns erfasst & nennen uns fischbein, wachsgelb & im molltau & wir haben ein huschen & steigen die treppe zur hölle hinab, den galgen um unseren schweinehals & wollen uns finishen.

## XLV.

hallo?

hallo?

## XLIV.

wir gehen zum kotzen in den garten hinter die leichenteile. lass es uns anders formulieren: deine leiche ist unserer landpartie ein auge, merklich behaart & entzündet zu lebzeiten & du glühst schon vor wärme am vergehen & wir haben uns stocher mitgebracht, um reste & die serviette auf den knien & ranken an deiner scham & die zerdrückung von kleinen, färbenden beeren, ja gar fliegenköpfen usw. auf zusammengelegtem papier, ohne kunst, ohne hilfe vom bleistift.

## XLIII.

sieh, was wir an masse sind. sieh, was wir
fernwanderer sind & raum einnehmen: käfer
übereinanderstapeln, staub in die zwischenräume,
bis wir eine wand sind aus käfern & staub.

## XLII.

»»»»»»

beschleunigen
beschleunigen
beschleunigen

wir überholen uns so hart & du zerfällst & ein geländer an uns & du stirbst, kratz die scherben & schaben von dir ab & die schichten &

»»»»»»

fast forward

& unter den schichten kommt dein, hüstel, sterben, kommt dein, unterm flanell kommt dein & ein schwarm vögel kommt »»»

& das korn & die vorsorge & sind bedrängt von etwas & über deiner brust legst du die brust frei & sind schon in der wolle betonstaub & mehl & die mäuse kommen durch die mansarde & durch die öffnungen unserer maulsperre. sie höhlen die fleischhaufen, krützlinge & im innern hoheitliche zeichen & ein sterben angelegt, eine energie & die äste sind eine brücke über deinen wundschrund, deine flüsterei & die mücken müssen feststellen: heute machen wir uns wieder spangen ins haar.

## XLI.

schneid einen balken von dir ab & vom tisch, bis der crisp & das holz so klein geworden sind, dass es ohne umschweife zunder & asche & die geheimflure in uns ordnet & ordnen sich nicht so liebeleien? schön wär das. stattdessen stecken wir uns ratten ans revers, statt des mondes schnittblumen, aber das ist jetzt nicht der ort um zu, pflanzen wir lieber etwas frisches in unsere böden & gießkannen & speck: das liebelein soll wachsen. wir haben etwas altes durchtrennt, ein tischtuch vielleicht & haben ein löchriges trapez draus gemacht & speck & sprech mir die rauen oberflächen nach, sind verzögerungen an unserem schönsten kleid & denken wir an die liebeleien, denen wir ein lied singen & mückengroße küsse & machen wir den tisch rein & späne fallen, denn wenn gehobelt wird, ist klar, was wir hobeln immerzu.

w.

sind nur am zerfallen & schwerer als tau & abfallprodukte an der zahl & strandgut in uns, grünmehl & blüten, die sich öffnen & die füße der raupen ein glied unserer kette & das preisschild am pulver. ein glied unserer kette & der salzlaug, ein schnäuzchen & der speichel & der spotz & das maushaar & das sperma & das hörma!

## XXXIX.

eine schalkmütze auf unseren
ameisengesichtern & grütze.

## XXXVIII.

wir haben eine kirsche unter den lidern, eine oblate & brechen das brot, ach, was wir brechen: liebstöckel, knöpfe, zierde & garn. was wir dir ziergarn in den rachen. was wir dir raten zum kaffee & etwas kommt durch die poren, kommt gel durch & geld, kommt kranke materie durch die poren & wir drücken eiter aus & drücken weiter eiter & liter & haben zirr, schmier & wir schauen ins licht, das wir sind & eine hirnhaut aus stein & das horn einer kirsche. wir sind immerzu eine addition & tragen alles in obstkarren davon & darüber schlafen wir ein.

## XXXVII.

ein goldatom scheißen & wir hängen an den dürren knochen des esels, an seinem fell aus reinem staub & hängen dukaten an sein wimpernteil, den wir bewohnen, körner ans faltstück eines herzens, das wir lahmlegen & holen uns aus den falten, ein masterpiece, das wir an uns heften & alles auf eine waage legen & mit gold aufwiegen an unserer kunsteigenen außenseite & stünden wir hier nackt, du fasstest uns nicht an. ownership des eigenen körpers. pfeif nicht so, wir müssen unser scherflein beitragen am körper, flarmoyant & hätten wir uns an jemandes stelle teilen sollen, aber wir schämten uns. der, der besalzt ist, fühlt sich immer bewohnt. aber alles leer in den einbauschränken hier. wir haben stoffe bestellt, aber die lieferketten.

## XXXVI.

wir sind der mikrochip für dort, wo du ihn im fleisch gerne hättest. dunkles design ist jetzt verfügbar: das hinter deinen lidern wächst sich aus. eine schaltung, eine messerspitze gehirn & das alles nur wegen finsterer geschäfte in mexiko stadt.

## XXXV.

wir können den ton nicht abstellen, den wir machen, wenn wir betreten werden & das die ganze nacht schon. komm, wir wollen uns darin näher verbergen. im innersten unserer kammer haben wir zierden angebracht, uns aufs summen verlegt, tonabfälle, nägel geknotet, damit du. hühner gerupft, damit du. magerquark gegessen, damit du. blut an die eine stelle rein & an der anderen stelle raus, damit du. so sieht die vorhölle aus, aber du hast nur spotz an den lippen & mehr haben wir nicht aus uns gemacht & leichenteile. wir ließen spotz auf uns regnen & glanz, käferbeine & haferkerne in dein herz & lungenteile, die bauten aus deinen fleischteilen & fleischteile in die granten deiner augen. sei eine leier, ein weiches zentrum im gleis, 1 gneis, 1 gries, sei stumm, damit du

blutpfropfen
in der vene
blutpfropfen
in der vene
blutpfropfen
in der vene

## XXXIV.

eine zwischenlösung finden zwischen uns & der fluse, die immer wieder in deinem bauchnabel wächst & der beweis dafür ist, dass sich etwas kopfwärts schiebt & wir bekommen den dreck nicht weg, den staub, den sand & die möglichkeiten & wir kratzen die soße von der oberfläche der pfanne & kündigen & sind dreckartig & was ist das nächste tier an dir? nimm vom apfel ein stück, komm!

## XXXIII.

wir sind die konstrukteure von rissen & nanoröhren: unsere mitte ist hohl & manchmal bauen wir auch kaulquappen & phantasmagorische dinge in deinem gesicht & können uns verzweigen & verinnern. die monoschichten, die durch uns durch gehen & die drähte, hauchdünn & bauchdünn, leben im urpferdschädel & können wir uns diese geschichte hier salzähnlich erzählen? wir leben in simplen ritzen, haben uns gehäutet, immer wieder etwas abgelegt, den tau von den äußeren schichten abgetragen, sind nass im innern, aber wenn das kleinste teilchen auf einer kandare zu finden wäre, eine raupenmenge; wenn der kern der luft in unseren hälsen: ja, was formt sich dann zu einem ganzen? die raupen bleiben unter den oberflächen & wo keine augen sind, ist auch niemand sonst & klein bemessene räume: da haben wir punktuell unser kleines herz hingelegt & ein beschreibungsarsenal entwickelt. wir murren in teilen & eine anleitung liegt bei.

## XXXII.

ein flicken, reparaturen & dann

→ binde schlingen um uns & dann
→ wachse um uns her & dann
→ baue uns morgens ab & dann

→ füge eiweiß hinzu & dann
→ beschleunige uns & dann

→ halte die luft an

→ gib uns zu essen
→ creme uns ein
→ brich uns, zigfach, zick zack!

→ kotz uns aus! auch eine möglichkeit. hier der eimer
& dann

→ die menge an fleisch, an rhabarber,
teilchentsunami,
der sich neu verteilt & dann

## XXXI.

uns wächst ein krustentier, das in der erinnerungstiefe eines gemäuers liegt. tragen wir am körper bußrituale & wo wir pioniere sind: in den demutsübungen & wo wir außenhaut geltend machen: hinter verschlossenen türen. dort sind wir korrumpierbar. gold & trockenheit & den kernanker werfen, um nicht überwuchert zu werden, um nicht zu verschwimmen. wir suchen einen unterschlupf, aber no need to unterschlupf & unsre kruste stecknadelgroß & wir sehen den wildwechsel im tal, das habichtskraut & nirgends ein haus & nicht dass dir noch eine kruste wächst! haben würde & haben einen schatten, sind großgeworden zwischen dem & dem &.

## XXX.

ein weiher in uns, ein reiher in uns & tierische kadaver & einlassungen: du nimmst in den mund, was du bist. wagen, einen mund vom hund zerfleischen zu lassen, auf dass der napf sich füllt & es sind deine zerzahnten lippen, deine lippen eine naht. wir teilen dir dein gesicht ein in die punkte & die leckerlis sind deine augen, das fleisch erfüllen wir mit sehnsucht, suchst du & hörst du & höhlen in die näpfe & augen, steile stiegen in sie hinunter & wir ordnen uns in deinem napf zu nahrung & du isst uns nicht mal auf.

# XXIX.

ragverhältnisse ineinander: das zarte am staub & ist er auf deinen lidern, schwäne auch, kehrschläuche, eine massive stadt in uns & schutt & zentner alles, zimt, magenkreide, magenweide, schäbig & müde nattern, wir drücken play & sind doch nur somnambule, einem weinen ähnlich, wollen selig werden & schober voll wein, zartmassen & fäden aus den wolken ziehen, müde, aber:

- auf der ebene von gold
- auf der ebene vom atom
- auf der ebene von hirnmasse

## XXVIII.

k

kk

k k ke ke

k

ker

ke ke ke

ke ker

ke ke

keks kern kern

kekekeke

kern

fuck keks kern fuck

## XXVII.

das kleine, das weinen will, aber wer will schon weinen & bucheneckern in die ecken tun, die dort liegen, wo nur tauben ihre ohren & schnäbel gelegt, haben sonntage klein gemacht & gaben groß & schmal eine zelle & die schlachthöfe. wir pauschalisieren unsere schalen, das ist ein zacken & wir sprechen ihn woraus, brechen ihn aus dir aus & strahlen ergeben eine palette & nichts ist komplettiert. wir mimen uns, heerscharen, brave gäste in unserem haus aus klee, miese puppen & waren einander ei & kalt & brecheisern. zerlegen könnten wir uns in schmerz & solche paraden, die durchziehen. oh sorry, lord, wenn wir schmal werden & käldern.

## XXVI.

wir sind in 40 arten von augen & wunderkammern: ein museum aus kernen. du siehst uns durch venezianisches glas & siehst die scharten & nadelspitzen, dünne schnitte vorm auflicht & froschlungen.

spaltöffnungen.

halte uns gegen das einfallende licht, die glaskapillare & glimmerplättchen, die federteile, käferbeine & der stachel der holzschlupfwespe, die mohnkapseln & knochenfische, die fußstücke der raupe & die krallen der hornmilbe & schuppen & dein shampoo dagegen. die musealität zwischen unseren fleischfetzen.

wir sind in dein nicken durchs guckloch verhangen.

unter licht haben wir einen nebenplaneten & bläue, konturen aus nebel & gekräusel im äther.

man mag weinen & man mag lichtcharakter, man mag stullen schmieren für einen langen tag & man mag lichtschalter betätigen & in uns dann heerscharen von innesitzenden sehen.

wenn du das licht nicht löschst, der draht an der sonne & eine echokammer. wir sind uns wald & nicht zu grau zum melken.

## XXV.

minimum. minimi.
mikroskopie. minimi.

## XXIV.

zupfen wir kirschen am montag & legen ihre kerne als fernrohre & schauen nach wildgetier. wo sind wir dir gewachsen & schneiden rinde aus dem mikroskop, grobe schlieren & große scheren & schneiden, bis das live-orchester hinter dem vorhang & wir räumen auf & zur feier des tages schneiden wir fell & fett, wir schneiden die quarks aus den nelken & werden am mittwoch nicht dabei sein.

sud ist das, was deinen mund nicht verlässt. tageslicht legt sich auf uns & fischernetze. ein stolpern über die erdscholle, aus der wir ragen. sind flaches land & flachs. alles, was sich auf uns sammelt, liegt falsch aus. alles, was auf uns bricht, alles, was nach oben strebt, keimt. wir können deine schneise sein, deine samenrinne, dein restgefüge. wir legen uns aufs schlachtfeld am freitag & es legt sich s/w auf unsre erde, es geht & geht nicht entzwei. bruchstellengleich & holz & die asche. wir sind dir gebrauch. sind im sud das, was deinen mund nicht verlässt & sud in die fluten stecken, sud in die flure & stuten. die erde am blatt bist du, abgefuckt & du schaust darunter. wo legst du die hände ins kleine? sind ein tausendsassa & entnehmen dich am ende der woche.

## XXIII.

egal, wie klein wir sind: die parasiten sind immer schon da. wir hängen enzyklopädien nach & sind aus gazehäkel gemacht & kalkulieren mit der feuchtigkeit & wieder bricht sich etwas durch unsere fiebrigen augen, na, sind wir nah, sind wir nirgends. sie haben uns narkotisiert, graupen aus den hälsen geholt & uns & die graupen wären unsre riesen & rispen & unsere mitbewohner, die nie den abwasch machen

## XXII.

sollten wir das poröse am kirschkern sein?

nein.
nein.

nein. nein.

## XXI.

in uns heerscharen & eine ahnengalerie: kannst du uns kinkerlitz. kannst du uns ein litzchen aus dem revers hängen lassen oder ein kind, ein kleines & im kind läge ein kind läge ein kind läge ein kind läge ein kind & das kirchenartige an uns. wir sammeln alle teile in einem weiher unsres vertrauens & falten unsere köpfe & überschüssigen dinge in kinderhänden.

## XX.

narbenschmerzen: man hat uns einst gelötet & wir halten, standartengleich, deine gedärme in zaum. wehgestüm. krallenabdrücke in stein: du hast uns wesen eingefügt & wir machen püree aus ihnen. du püree! porchiertes, püriertes & es steht uns nicht zu, geweihe an die zimbel & geström aus gebrei & uns maßvoll halten in den hoheitsgebieten aus krümeln. wir geben uns etiketten, kreidewerke, gerüste & rüschen, speichel & stümpfe & klebstoff an die zwiebeln, wir haben fibeln aus geruch. sind das möglicherweise wir, die hier so riechen? sind das möglicherweise wir, die hier so rüschen? rüschen anstelle von tamponaden & narben & das letzte haus am rande der stadt, bevor das feld kommt, schmerzverzerrt. findest du den ort, wo du das, was du & lass uns zu & in uns verschnaufen, eine nacht drüber schlafen, lass mal ein glas drauf heben & züchten wir uns innen heran, wo sich die narben & zierfische. wir löten.

## XIX.

heute beim mäusemelken wieder was im abfluss verschwunden & wieder was im staubsauger & sehen motten aus uns aufsteigen & die sorgen bei den spinnen in den drüsen gelandet. aber durch den kescher & durchs sieb kommt das spinnenbein nicht durch, dieses dürre ding! wir haben den köcher aufgespannt & uns hineingelegt & wollen im schimmel wohnen & in den spinnweben die kehrwoche & als dekoration darin die perlen & die fliegen von der letzten speisung.

## XVIII.

wir haben an unsren eigenen knochen nagungen vorgenommen & graben stücke in uns ein & liegen nackt in der nacht, liegt sie auf uns, kein bart um uns & wir äßen, wie wir kaum je etwas gegessen, ein bruchteil unnütz & wären wir kiesel in deiner tasche, schwer zu sagen, schwer zu tragen, gesteinigt & eine schmerzgrenze & bauen da wieder ein haus, wo alles gut ist hinter dem ofen, in dem wir der scheit sind & die asche, die aus dem schornstein & rabentiefe, kürzlich erst butterblumen. kürzlich erst auf dem feld & groß damit getan & die aschengrube.

## XVII.

wir neigen zu palaver, denn wenn wir reden, dann sieht uns vielleicht wer in unsrer kemenate. ansonsten legen wir uns in die kräuter. bist du blindlings in den kräutern? wir rechen dir das hoch an ++ wir sind zahm & sind gram & garnmull & unser ruhiges geständnis: wir nutzen den rau hinter dem ohrschmu, um proviant für das nächste mal unterm mikroskop & wir packen kekse ein & apfelschnitze.

## XVI.

gott isst sein fell & gewürze, er isst die urtierchen & wir werden nur sentimental bei einer schnabelmenge schmäh, aus der wir unsre augen tun. wir haben schluckauf & eine kostümierung vorgenommen, ähren auf den augen & misteln. rasches leck. aus uns laufen ähren & korn, aus uns laufen von unserem hals aus & higgs, wächst etwas in die rohre, das system so weit verzweigt & wären wir unsere eigene nahrungskette, unser kopf äße unseren hals, anheizen, schleimzeichen, reinmünden & unsre hand äße unsren speck & ein längsschnitt durch ein weizenkorn, der keimling & der ascherückstand des mehls.

## XV.

du isst uns den kot weg & gehst:
feine tischsitten, das!

# XIV.

wo keine augen sind, ist auch niemand sonst

& lüsternheiten flüstern & wenn man uns vergrößerte in tinte & gram & vertäu dich nicht, salz- & holzgewächse & wir könnten sträucher in uns tun & uns an den rändern mit dinkelartiger masse verstärken. sinkmomente sind uns untergekommen. wo sich zu sinken lohnte, lohnst du da & hast uns schnee einsinken lassen auf die schmalen simse, die wir bewohnen, wobei wohnen wäre zu viel gesagt & wir blühen an anderen mustern. wir haben kernnähe vorgetäuscht & hier eine seltene materie, die wir in uns einbauen & zement darüber schütten & wir schütten uns auf, damit wir einander begegnen. denk dir das! hast du uns lüstern etwas in die lücke gepackt? hast du uns mägen in die mageren löcher? hast du uns etwas sinnvolles in die leere & sonnenbeschienen & bist du je an uns vorbei gekommen?

## XIII.

wir rutschen in die ritze, ein däumling & lass uns hirsche dorthin tun: das waldinnere der taube & ziegenschädel, ein reinraum, ein lungengewächs. unter klarnamen arbeiten wir nicht. verkanten & verwuchern & vernarben & ein austreten von flüssen & der körper nur noch einmal wund. lass uns an die vernarbungsstelle tinte tupfen, fehlstellen im zinn, im kupfer & lieferschwierigkeiten bei den sehzellen. die beliebigkeit unsrer zusammensetzung einem löwenzahn ähnlich, halb kümmeriger zustand & säumige materie, einen ballsaal voll & das wird ein katalog weltfremder dinge. die wurzelmomente & seidene fäden & alles muss in den bauch & muss da hinein & das spinnensekret & die tragenden schichten vom gras, die entenfüße & die sprengmeisterei, ein funzellicht dort, die ziernüsse & öffnen alles für gnade & gesöff, träufeln kernöl & ein gehöft in den lücken.

## XII.

wie viel auf eine briefmarke passt?
wir, ganz bestimmt wir.

# XI.

...

.

. .

.

..   ....   ....

...   ...   .

siehst du uns hier?

## X.

die guten ins hier

& die schlechten ins tier

(füge ein nach belieben).

tu uns wo
& tu uns hier
& tun wir schön
& tu uns, die wir gut sind,
in die, die uns gut tun & lind.

## IX.

da! der anderen kleinling!
wir haben ihn gesehen!

## VIII.

aus dem kaugummiautomaten lassen wir uns holen & haben uns durch die sonne schweben sehen. ein punkt & um den punkt wüchse der schmerz & die mehlschmelze an unserer statt & die kruste lässt sich abfeilen & noch kleineres schleicht sich ein & wütet & hält hof an den innenseiten, das hat keine farbe im üblichen sinn. nichts mehr in den rauch stellen, wir gelben aus. das aufmachen ist der versuch, die nächste tür zu betrachten. wir machen rast hinter deinen augen. die fahnen & falten in deinem fleisch: in ihnen werfen wir schatten, wo es sonst keiner tut, weil wir taub sind. ein stück herde, das wir sind & kaulquappen & was dein fleisch für ein gegenstand ist. groß allemal. kästen aus materie: wir nähmen uns nicht aus dem kollektiv. diese partikelwaage & unschärfe: wir greifen in unser gewebe & kauen uns & kauen & lösen uns aus & lagern uns an & verstopfen, wir bluten uns ein. das verfahren, unsere menetekel auszubreiten & an den wänden: gefäße. wenn wir uns stoßen, die hirnhaut aufreißen. bauchige formen, kammartige gebilde. dergestalt sein, dass wir dünne blättchen ausbilden & die wasserliebenden enden. ein möbiusband & in uns ein loch, in dem alles verschwindet. es liegt in unserer mitte & breitet sich aus.

## VII.

was einer kleinheit gesicht lässt: wir haben dich in die linie getan, in diese fleischlinie zwischen unseren gesichtern,

lightblankene augenpaare.

hier scharmützel & schnitzel & rand & unser haar, das wir brockenweise aufschichten. wir reiben scharmützel & paniermehl & kälte in den frost, reiben uns ein & schreiben uns ein & können wir in uns etwas weiches einlegen, zierliche zeichen am verzweifeln. wir glitzern & wohin wir uns auch tun: wir haben dieses ding tief unten rein, so tief, dass darinnen ein schmiegen möglich ist, haben eine cremeschatulle, eine gräberstimmung, herbarien & zimt & somnambulen staub (hautablösungsprozesse).

fass uns an, auch an den stellen, die ______

hier hängen sperrfristen mit unseren öffnungszeiten, mach uns auf, aber sieh nicht hin. dort nur ein flehen & pixel.

## VI.

die ganze welt ein taugeräusch, kernschmelze & die dachlawinen & was da schmilzt: die weidenkätzchen & kondensierst du & ein reduzierter sud aus unseren wünschen, gold-nanofilme & wir perlen ab. der atem ist hauchdünn & ein schlüsselchen für die madonna. ein zurückbauen der welt, vereinzelung, rewind. & der mond ein gerippe & feinstaub & zisternen. das sind die blätternden wände an uns.

## V.

in uns ist stoff eingeschlossen, schwere decken an uns verwachsen & bratäpfel & ein ungeheuer an unseren haltestellen & die sintflut & wo es dunkel wird, das schattengewächs & unser gesicht & das nur alleinesterben & akeleien sterben in unserem magen & die marktschreier, leise kreise, wir zieren uns: sargnägel & nieten & schrauben & mit spitzen fingern zimbeln wir petersilie in die wurzelsuppe, rasch, rasch, bevor die pipette wieder & rasch, rasch, eine morgenandacht mit magerquark & suppengrün & skeletten aus papier & nährlösungen. bau aus krempel, babyguppys & aus wölfen schutt auf, aus dem wir wieder bänkelsänger, schrapnellen & nelken & blut & etiketten in der suppe &

## IV.

kuchen aus grind & das ende einer sache punkt & wir lösen uns auf in ein kind & nimm einen punkt in den mund & lege ein handtuch, einen wisch punkt, eine grafschaft punkt präriehunde & wenn der punkt anschwillt zur kugel & du legst sie an dein ende, legst schilf in eine kugel, legst dich in die erde & wenn das brausepulver, das du bist, seitwärts, sich um die blasen kümmert, sich um die nadeln & nabel kümmert & wenn du dich auflöst, sehen wir dir beim sprudeln zu & das aufgelöste verleiben wir uns ein punkt & wäre ein leib eine einheit, die wir hätten, doch wir gießen uns aus & schauen uns selbst dabei an und beim fahlwerden zu punkt wenn du außerhalb, wenn du aufhörst zu bist punkt

## III.

wir stülpen uns nach außen & sagen: schach!

## II.

wie groß an euren eutern. wie groß an euren sehzellen. wir haben dir einen fragenkatalog dargelegt & die momente des kleinmachens & neigen nun dazu, selbst ein gramm schnee, ein gramm schere, mooreske gegenden & die kapellchen an den innenrändern unserer teile, stillstehende gewässer. in ihnen liegen wir, sind wildernd in unserem innern, das immer kleiner wird, das ein stillstehendes gewässer ist & sitzen wir enger aufeinander, stuhl an stuhl & kaum mehr atmend, hältst du uns nicht mehr für 2 gebilde, für ein blütengeschöpf, hältst du uns nicht mehr auseinander wie die maden in der graupensuppe & die mageninhalte der maden & fließen wir optisch zu einem bilde, schraube & holz & haben keinen bestand & sind mehr als 1, sind verschmolzen, der abstand größer als apfelsinen, mandarinen, wurzelzwist & wenn man 2 gebilde ist & mehr als 1 geteile & man sich auflöst, optik mir, oh optik mein, der bruch einer linie nur, die uns unterscheidet & haben wir mal zusammen aus einem fleisch geatmet, als die sonne noch hoch am himmel, als wir noch linsen schliffen, als die misteln in den haaren der scham & die dornen aus dem fleisch, das aus dem fleisch & wir geben nicht auf & öffnen alles & da muss doch eine 1 sein oder muss sie kleiner gleich 0 sein (ach, ist das niedlich, ach), als wir noch ein einziges auge & fallen wieder in den schatten zurück.

# I.

hallo?

hallo?

hallo?

## 0.

hier ist kernnähe.
hier sind wir.

# Danksagung

Ein großes Dankeschön für alles Kleine:
Frieda (für den Spreißel), Sebastian (für die Fluse), Angela (für den kleinsten Knochen im Ohr), Thomas und Katrin (für den Ostseesand), Roman (für das Universum in der Nusschale), Vera (für die Gläschen Wein).
Nadja Küchenmeister (für die Leiter im Kirschkern), Nancy Hünger (für die Ruhe im Pilzschatten), Sabine Baumann (für die Unterstützung von Anfang an), Ida Schöffling (für das italienische Madonna-Schlüsselchen), Matthias Nawrat und Carl-Christian Elze (für die Suche nach Sprossen und Schnäbeln) und Ladenburg als Kleinstadt samt aller im Literaturtage-Team.

## Über die Autorin

Carolin Callies, geboren 1980 in Mannheim, lebt in Ladenburg bei Heidelberg. Sie ist Autorin und selbstständige Literaturvermittlerin. Für *fünf sinne & nur ein besteckkasten* wurde sie 2015 mit dem *Thaddäus-Troll-Preis* und dem *Literaturstipendium des Landes Baden-Württemberg* ausgezeichnet. 2020 war sie mit *schatullen & bredouillen* für den *Clemens-Brentano-Preis* der Stadt Heidelberg nominiert und erhielt den *Gerlinger Lyrikpreis*.